BEI GRIN MACHT SICH IHR WISSEN BEZAHLT

Bibliografische Information der Deutschen Nationalbibliothek:

Die Deutsche Bibliothek verzeichnet diese Publikation in der Deutschen National-
bibliografie; detaillierte bibliografische Daten sind im Internet über http://dnb.d-
nb.de/ abrufbar.

Impressum:

Copyright © 2008 GRIN Verlag, Open Publishing GmbH
Druck und Bindung: Books on Demand GmbH, Norderstedt Germany
ISBN: 9783640461745

Dieses Buch bei GRIN:

http://www.grin.com/de/e-book/137902/innovation-und-diffusion-geographische-
basiskonzepte-und-ihre-anwendung

Martina Oswald

Innovation und Diffusion: Geographische Basiskonzepte und ihre Anwendung in der Kulturgeographie

GRIN Verlag

Ruprecht-Karls-Universität Heidelberg

Geographisches Institut

Proseminar Anthropogeographie

SS 2008

Hausarbeit zum Thema:

„Innovation und Diffusion: Geographische Basiskonzepte und ihre Anwendung in der Kulturgeographie"

Vorgelegt von:

Martina Oswald

Geographie(HF), Geologie(NF), Städtebau(NF)

4/3/1

Inhaltsverzeichnis:

Einleitung

Die folgende Hausarbeit zum Thema „Innovation und Diffusion: Geographische Basiskonzepte und ihre Anwendung in der Kulturgeographie" beschäftigt sich unter anderem mit der Sachlage, wie sich eine Innovation in räumlicher und zeitlicher Hinsicht verbreiten kann. Hierzu ein Fallbeispiel aus den USA während der Großen Depression in den späten 1920er- Jahren: Farmer der amerikanischen Landwirtschaft klagten über starke Bodenerosion, woraufhin die US *Soil Conservation* die Anwendung bestimmter Bodenschutzmaßnahmen vorschlug, um vor allem auch gefährdete Böden vor Bodenerosion zu schützen. Zunächst stellte sich das Problem dar, die konservativen und skeptischen Farmer von dieser Innovation zu überzeugen. Nachdem die Farmer den Erfolg der Bodenschutztechniken erkannten, verbreitete sich diese Innovation wellenartig, vergleichbar wie die Wellen eines ins Wasser geworfenen Steines [Haggett, 2001: 501].

Im Laufe der Hausarbeit stelle ich noch weitere Beispiel dar, die den Innovations-/ Diffusionsprozess verdeutlichen sollen. Doch zu Beginn werde ich die Auswirkungen und Bedeutungen von Innovationen im Hinblick auf die Kultur darstellen. Anschließend steige ich in die Thematik der Arbeit ein und werde zunächst einige Grundbegriffe definieren, die die Basis für das Verständnis der Hausarbeit darstellen. Außerdem werde ich die Geschichte der Innovation- und Diffusionsforschung erläutern, bevor ich auf die räumliche Diffusion und den Diffusionsprozess eingehe. Abschließend erläutere ich einige Anwendungsbeispiele des Innovations- und Diffusionsprozesses im Hinblick auf die Kulturgeographie.

1. Innovationen als Grundlage kulturellen Wandels

Kultureller Wandel ist ein stetig fortlaufender Prozess, der durch zahlreiche Neuerungen, neue Verhaltensweisen, Ideen und Alternativen zur Verbesserung und Modernisierung des alltäglichen Lebens angetrieben wird.

Selbstverständlich tragen auch andere Ursachen (z.B.: Historische) zum Kulturwandel bei.

Krieg, Eroberungen und Wettbewerb/ Kampf um Ressourcen oder ein abrupter Wandel in der physikalischen Umwelt kann eine Kultur verändern. Ebenso wie ein stetiger Anstieg der Bevölkerungsdichte oder eine gezwungene Anpassung einer Gesellschaft in eine andere ökologisch- kulturelle Umwelt sind Ursachen kulturellen Wandels.

Doch der Focus dieser Arbeit richtet sich unter anderem auf die Veränderung einer Kultur durch Innovationen [Röpke, 1970: 59- 60].

Doch welche Faktoren beeinflussen die Annahme einer Innovation?

Zunächst ist die geistige und moralische Bereitschaft einer Gesellschaft, also die *Kompatibilität*, Vorraussetzung, um eine Innovation annehmen zu können. Eine Innovation sollte bei dem einzelnen Individuum ein gewisses *Bedürfnis* hervorrufen. Das heißt, dass eine Innovation eine besondere Bedeutung haben muss und sich mit gegebenen Erfahrungselementen identifizieren lassen sollte. Des Weiteren muss sich eine Innovation für den einzelnen lohnen. Eine *Verifizierung der Erwartungen* muss stattfinden, ein erwarteter Wert muss erfüllt werden, damit sich eine Innovation durchsetzt und angenommen werden kann [Röpke, 1970: 76- 84].

Die Bereitschaft, eine Innovation anzunehmen, ist von jedem Individuum abhängig. Der einzelne Mensch und nicht etwa ein System oder der Staat steht in der Theorie des Kulturwandels im Vordergrund.

2. Begrifferläuterungen

Für das Grundverständnis der Hausarbeit sind einige Definitionen notwendig, da diese Begriffe die Basis des Themas darstellen. Liest man den Titel dieser Arbeit „Innovation und Diffusion: Geographische Basiskonzepte und ihre Anwendung in der Kulturgeographie", stellt sich die Frage, was bedeutet eigentlich Innovation und Diffusion?

Eine *Innovation* ist die „Bezeichnung für neues Wissen, neue Produkte (Produktinnovation) oder neue Verfahren (Prozessinnovation oder organisatorische Innovation). Der Innovation geht die Invention (Erfindung) voraus" [Brunotte, Gebhardt, Meurer, Meusburger, Nipper, 2002: 164]. Das bedeutet, dass es sich bei einer Innovation um eine vollkommen neue Erfindung handelt, die es auf dem Markt noch niemals gab. Allerdings kann es sich bei einer Innovation auch um eine Produkterneuerung handeln, also ein Entwicklungsprozess von Produkten, bei dem ein älteres Produkt von einem neueren Produkt verdrängt wird. Der Begriff Innovation schließt auch neue oder verbesserte Produktionsverfahren mit ein, die in ein Unternehmen eingeführt werden [Brunotte et al., 2002: 82].

Diffusion „ bedeutet im allgemeinen Sinne einen Prozess der Ausbreitung einer Gegebenheit (materieller wie immaterieller Art). In der Anthropogeographie bedeutet das konkret die Ausbreitung technischer Neuerungen (Innovationen), sowohl in räumlicher und zeitlicher Hinsicht" [Brunotte, Gebhardt, Meurer, Meusburger, Nipper, 2002: 257]. Zur Erläuterung dieser Definition, erwähne ich erneut das Beispiel der amerikanischen Landwirte, die mit Bodenerosionsvorgängen in den späten 1920er- Jahren zu kämpfen hatten. Die Innovation war in diesem Falle eine Bodenschutzmaßnahme der US *Soil Conservation*, die sich durch Face- to- Face- Kontakte wellenartig ausbreitete (Diffusion).

Doch bevor sich eine Innovation in Raum und Zeit ausbreiten kann, bedarf es einer Erfindung (Invention), die dem *Innovationsprozess* hervorgeht. Eine Erfindung kann zufällig oder durch Forschung und Entwicklung entstehen. Wird diese Erfindung erstmals in den Markt eingeführt, spricht man nun von einer Innovation. Anschließend muss sich diese Innovation auf dem Markt durchsetzen, das bedeutet es muss eine ausreichende Zahl an *Adoptoren* geben, Menschen oder Unternehmen, die diese Innovation übernehmen, damit man von einer Diffusion sprechen kann. Rückschläge kann der Innovationsprozess durch die Konkurrenz von Nachahmern erleiden, die ein ähnliches Produkt in den Markt einführen.

Nachdem nun die Begriffe Innovation, Diffusion, Innovationsprozess und Adoptoren definiert wurden, werde ich auf die Entwicklungsgeschichte der Innovations- und Diffusionsforschung, die bis ins 19. Jahrhundert hineinreicht, eingehen und einige bedeutende Vertreter erläutern, die zur Entwicklungsgeschichte beigetragen haben.

3. Entwicklungsgeschichte der Innovations- und Diffusionsforschung

Seit dem 19. Jahrhundert lässt sich eine große Zahl von geographischen Arbeiten/ Studien bezüglich der Innovations- und Diffusionsforschung zuordnen, sodass sich dieses Gebiet im Laufe der Jahre in der Humangeographie und in anderen Nachbarwissenschaften zu einem traditionellen Forschungsfeld entwickelt hat. Aus dieser Entwicklung lässt sich die Geschichte der Innovations- und Diffusionsforschung in vier Phasen gliedern [Windhorst, 1983: 5].

Ethnographische Phase:

Die erste Phase der Entwicklungsgeschichte lässt sich mit dem Namen Friedrich RATZEL verbinden, der sich mit seinem Werk „Anthropogeographie" (1981) einen bedeutenden Namen in der Innovations- und Diffusionsforschung gesetzt hat. In seiner Arbeit geht es um die Erfassung von Kulturräumen und die Ausbreitung von Kulturelementen, das bedeutet, für Ratzel steht der Mensch im Mittelpunkt und nicht etwa Prozesse der Aufnahme, Entscheidungen und Ausbreitungsmechanismen.

Ein weiterer Vertreter der Ethnographischen Phase war Gabriel TARDE mit seiner Arbeit „The Laws of Imitation" (1895). Auch er trug wesentlich zur Entwicklungsgeschichte bei, denn er schilderte erstmals das Bild der wellenförmigen Ausbreitung einer Neuerung

(Innovation). Spricht man von einer wellenförmigen Ausbreitung, bedeutet das, dass sich eine Innovation um ein Zentrum herum vergrößert, also nach außen strebt, man nennt dies auch den zentrifugalen Effekt [Windhorts, 1983: 6].

Kulturlandschaftsgenetische Phase:

Die Kulturlandschaftsgenetische Phase ist vor allem durch Alfred HETTNER mit seinem Werk „Der Gang der Kultur über die Erde" (1929) geprägt. Im Mittelpunkt seines Werkes steht die prozesshafte Sichtweise des kulturellen Wandels. Für die spätere Innovations- und Diffusionsforschung ist Hettners Werk bedeutend, denn er beschreibt ebenfalls den sozioökonomischen Wandel und die Bedeutung von Neuerungen in einem Prozess. Hettner nimmt mit seiner Arbeit die „Gegenposition" zu Ratzel ein, der eher den Menschen und weniger die Prozesse in den Mittelpunkt stellt.

Carls SAUERS „Agricultural Origins and Dispersals" (1952) knüpft an Ratzel'sche Tradition an, denn auch Sauer schenkt der Erfassung von Kulturräumen und der Ausbreitung von Kulturelementen Bedeutung, allerdings stellt Sauer die Beschreibung von Verbreitungssituationen in den Mittelpunkt, was bei Ratzel nicht von Bedeutung war.

Wilhelm MÜLLER – WILLES „Kulturraumforschung" (1942) gilt als Vorstufe der heutigen geographischen Innovations- und Diffusionsforschung, denn mit seinem Werk stellt er die Kulturlandschaft ins Zentrum der Betrachtung. Untersucht werden darin die Entstehungsgebiete, die Verbreitung und Ausbreitung kultureller Erscheinungen [Windhorst, 1983: 7- 12].

Modellorientierte Phase:

Die Modellorientierte Phase ist im wesentlichen geprägt durch den schwedischen Geographen Torsten Hägerstrand, der eine eher theorieorientierte Sichtweise annahm, die auf eine Modellkonstruktion abzielt. In seiner Arbeit „The Propagation of Innovation Waves" (1952/53) berichtet er über die Ausbreitung von Innovationen, sowie einige Modelle zum Diffusionsprozess, auf die ich im Kapitel „Diffusionsprozess nach Hägerstrand" näher erläutern werde.

Über das Aufkommen und die Ausbreitung von Innovationen berichtete ebenfalls Walt ROSTOW in „Stadien wirtschaftlichen Wachstums" (1960), das von einem Modell von fünf Wachstumsstadien ausgeht [Windhorst, 1983: 13- 25].

(Interdisziplinäre) Neuorientierung:

Als Vertreter der (Interdisziplinären) Neuorientierung ist besonders Lawrence BROWN mit seinen beiden Werken „Diffusion Processes and Location" und „Market and infrastructure model" erwähnenswert. In seinem ersten Werk von 1968 unterscheidet Brown drei Diffusionsarten, die Expansive Diffusion, Kontaktdiffusion und die Relokationsdiffusion. In seinem zweiten Werk von 1975 beschrieb Brown die Integration des Adoptionsmodells sowie den sozioökonomischen Wandlungsprozess in Abhängigkeit von der Ausbreitung von Neuerungen [Windhorst, 1983: 25- 35].

Die Geschichte der Innovations- und Diffusionsforschung ist mit dieser 4- Phasen-Gliederung sicherlich nicht abgeschlossen, sie befindet sich vielmehr in einer stetigen Entwicklung, da dieses Forschungsfeld zunehmend an Bedeutung in der Geographie und in den Nachbarwissenschaften gewinnt. Hiermit wurden aber zunächst einige Orientierungspunkte gesetzt, um die angedeuteten Richtungen der Studien/Arbeiten weiterhin zu verfolgen.

Im nächsten Kapitel werde ich auf die räumliche Diffusion zu sprechen kommen. Zunächst erläutere ich anhand einiger Beispiele die verschiedenen Diffusionsarten, die schon Lawrence Brown in seinen Werken zu unterscheiden versuchte. Anschließend werde ich zwei Formen der Ausbreitung einer Neuerung nennen, bevor ich ein weiteres Mal auf die Modelle von Torsten Hägerstrand zu sprechen komme.

4. Räumliche Diffusion
4.1 Welche Diffusionsarten gibt es?

Wie bereits erwähnt, unterscheidet man drei Diffusionsarten.

Die *Expansive Diffusion* beschreibt einen Prozess, mit dem sich ein Element (Information oder Gegenstand) von Ort zu Ort ausbreitet, was die folgende Abbildung 1 veranschaulicht:

Abb. 1/ Quelle: Haggett, 2001

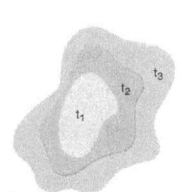

(a)

T^1 entspricht dem Ursprungsgebiet oder auch „core" genannt, indem die Innovation/ das Element entspringt. Das Element verbreitet sich in ein weiteres Gebiet, T^2 oder auch „domain" genannt sowie in T^3, das man auch als „sphere" bezeichnet. Allerdings verlässt das Element sein Ursprungsgebiet T¹ nicht [Haggett, 2001: 503].

Eine weitere Diffusionsart ist die *Verlagerungs- oder Relokationsdiffusion*, die einen ähnlichen Prozess räumlicher Ausbreitung beschreibt, jedoch verlässt das Element sein Ursprungsgebiet. Die folgende Abbildung 2 stellt diesen Prozess dar:

Abb.2/ Quelle: Haggett, 2001

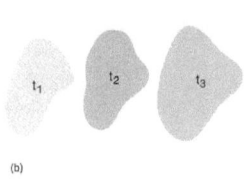

Diese Graphik zeigt eindeutig, dass das Element sein Ursprungsgebiet T¹ verlässt und in T² und T³ übergeht. Ein Beispiel für diese Diffusionsart ist die Ausdehnung einer Epidemie. Zunächst tritt diese Epidemie nur in seinem Ursprungsgebiet auf. Treten jedoch Populationen von T¹ und T² in Kontakt, ist die Ansteckungsgefahr hoch, sodass die Krankheit von Population zu Population weitergegeben wird.

Ein weiteres Beispiel ist die Wanderung der schwarzen Bevölkerung der Vereinigten Staaten vom ländlichen Süden in die nördlichen Städte [Haggett, 2001: 503].

Die dritte Diffusionsart ist die *Kombinierte Diffusion*, also eine Kombination der Expansiven- und Relokationsdiffusion. Abbildung 3 stellt diese Diffusionsart graphisch dar:

Abb.3/ Quelle: Haggett, 2001

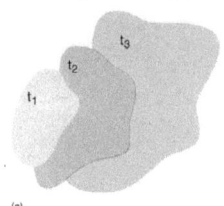

Die Kombinierte Diffusion besagt, dass das Element durch mehrere Gebiete hindurch diffundiert.

Ein Beispiel dazu liefert die Ausdehnung des Buschbrandes in Tasmanien von 1967. Das Ursprungsgebiet des Buschbrandes lag im südlichen Tasmanien bei Hobart. Von dort aus „diffundierte" das Feuer durch mehrere Gebiete hindurch und zerstörte bebautes und ebenfalls durch frühere Brände niedergebranntes Gebiet [Haggett, 2001: 504].

Da nun die Diffusionsarten anhand von Beispielen und Graphiken näher erläutert wurden, stellt sich nun die Frage, wie sich Informationen überhaupt ausbreiten können?

4.2 Welche Formen der Ausbreitung gibt es?

Im Folgenden werde ich auf zwei Formen der Informationsausbreitung eingehen.

Die *Kontaktdiffusion/ Nachbarschaftseffekt* beschreiben einen Prozess, bei dem sich Informationen/ Innovationen durch Face- to- Face- Kontakte ausbreiten. Somit kann eine Information, die sich gegebenenfalls lokal, regional, international oder weltweit ausbreitet, durch den Kontakt von nur zwei Personen weit verbreiten. Jedoch ist diese Form der Ausbreitung stark distanzabhängig, da angenommen wird, dass die Kontaktwahrscheinlichkeit mit zunehmender Entfernung abnimmt.

Wird eine Innovation angenommen, findet in Abhängigkeit der Raumstruktur eine zentrifugale Ausbreitung statt, das heißt, dass sich eine Information oder eine Neuerung um ein Zentrum herum vergrößert, also nach außen strebt. Vergleichbar wie die Bildung von Wellen, die durch einen ins Wasser geworfenen Steins erzeugt werden, dass ich bereits in der Einleitung dieser Arbeit erläutert habe [Haggett, 2001: 504], [http://www.mygeo.info/skripte/skript_bevoelkerung_siedlung/rela2.htm: 01.06.2008].

Bei der zweiten Form der Ausbreitung handelt es sich um die *Hierarchische Diffusion*, die die Übertragung einer Innovation in der regelmäßigen Reihenfolge einer Ordnung, Klasse oder Hierarchie beschreibt. Bei dieser Form der Ausbreitung können Innovationen von oben nach unten, also beispielsweise von Großstädten (oben) in umliegende Dörfer (unten) diffundieren, anderseits können Innovationen auch von unten (Bsp.: Provinzstädte) nach oben (Megacities) diffundieren. Die folgenden Abbildungen 4 und 5 verdeutlichen das Prinzip der Hierarchischen Diffusion:

Abb.4/ Quelle: Haggett, 2001

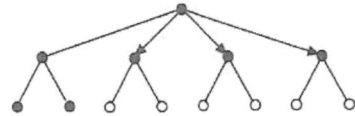

(d) schnelle Ausbreitung nach unten von der oberen Ebene aus

Bei dieser Graphik handelt es sich um die Ausbreitung einer Innovation von oben nach unten, im Allgemeinen spricht der Geograph hier von einer Wasserfall- oder Kaskadendiffusion. Am folgenden Beispiel möchte ich diese Graphik genauer erklären: Nach der Einführung des Fernsehgeräts verbreitete sich dieses Massenmedium zunächst in den Großstädten (oben) und wanderte erst einige Zeit später auch in die kleineren Städte oder ländlichen Gebiete. Gründe dafür könnten gewesen sein, dass die Gesellschaft in den Großstädten sozial stärker, moderner und offener für technische Neuerungen waren, sodass das Bedürfnis/ die Anfrage nach Neuerungen stetig anstieg. Außerdem gab es zunächst nur in den Großstädten die ersten Satelliten, um ein Fernsehprogramm zu empfangen [Haggett, 2001: 505].

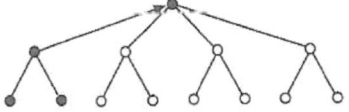

(c) langsame Ausbreitung nach oben auf die höhere Ebene

Abb.5/ Haggett, 2001

Die Hierarchische Diffusion unten nach oben stellt die folgende Abbildung 5 dar. Diese besagt, dass eine Innovation von einer Provinzstadt oder von einem ländlichen Gebiet in eine Großstadt diffundieren kann. In einem Beispiel möchte ich die Graphik erläutern: Die unterste Reihe dieser Graphik stellt eine Provinzstadt, beispielsweise Liverpool, in der nun ein neuer Musikstil kreiert wird und zunächst in die Landeshauptstadt London wandert, welches die mittlere Reihe der Graphik darstellt. Von der Landeshauptstadt wandert dieser Musikstil anschließend in die Hauptstädte der Welt und erreicht somit, Tausende Kilometer vom Ursprungsort entfernt, Schallplattengeschäfte und Milliarden Menschen weltweit. Bei dieser Form der Ausbreitung spricht man auch von einem „Beatles – Muster" [Haggett, 2001: 505].

Im nächsten Kapitel 4, „Diffusionsprozess nach Hägerstrand", werde ich die Modelle des Diffusionsprozesses und den schwedischen Geographen Torsten Hägertsrand vorstellen, den ich auf Seite 6 bereits erwähnt habe. Abschließend werde ich dieses Kapitel mit einem Modell der Diffusionswelle in Raum und Zeit des amerikanischen Geographen Richard Morill beenden.

5 Diffusionsprozess nach Hägerstrand

5.1 Die Diffusionswelle im Profil

Der schwedische Geograph Torsten Hägerstrand, der im Jahre 1916 in Mittelschweden geboren wurde, studierte von 1947 – 1952 an der Universität in Lund Geographie. Bereits 1953 wurde seine Dissertation unter dem Titel „Innovation Diffusion as a Spatial Process" veröffentlicht, die wesentlich zur Entwicklungsgeschichte der Innovations- und Diffusionsforschung beigetragen hat, da Hägerstrand Modelle entwarf, mit denen man die Diffusion von Innovationen untersuchen konnte. Diese Vorgehensweise des schwedischen Geographen war in der schwedischen Anthropogeographie einmalig. Im Jahre 1957 wurde Hägerstrand Professor der Geographie an der Universität Lund. [http://www.e-geography.de/module/diff1/html/theorie_3.htm: 01.06.2008], [Haggett, 2001: 506].

Eines seiner bedeutendsten Modelle war das Vierstufenmodell für den Verlauf von Innovationswellen oder auch allgemein auch Diffusionswellen genannt, die Welle im Profil.

Abbildung 6 stellt eine idealtypische Welle im Profil dar, die durch vier Stadien gekennzeichnet ist:

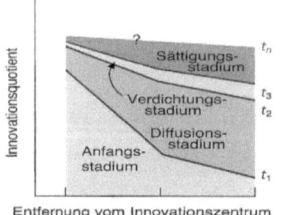

Entfernung vom Innovationszentrum

Abb.6/ Quelle: Haggett, 2001

Anfangsstadium: Das erste Stadium stellt den Beginn des Diffusionsprozesses dar. Erstmals entstehen Zentren der

10

Übernahme, allerdings besteht ein erheblicher Unterschied zwischen Innovationszentren und den entlegeneren Gebieten.

Diffusionsstadium: In dieser zweiten Stufe setzt die Wirkung des zentrifugalen Effekts ein, der in den Innovationszentren, entlegeneren Gebieten und in der Verringerung regionaler Unterschiede sichtbar wird.

Verdichtungsstadium: Im dritten Stadium ist die Übernahme einer Innovation in allen Gebieten gleich hoch. Dabei spielt die Entfernung zum Innovationszentrum keine Rolle.

Sättigungsstadium: Die letzte Stufe kennzeichnet die Verlangsamung und das Ende des Diffusionsprozesses. Die Übernahme einer Innovation ist in allen Orten vollzogen, dabei bestehen kaum regionale Abweichungen [Haggett, 2001: 507].

Ein weiteres Modell des schwedischen Geographen beschreibt ein allgemeines Grundmodell/ Arbeitsmodell des Diffusionsprozesses, die Kontaktfelder, die im nächsten Unterkapitel vorgestellt werden.

5.2 Grundmodell des Diffusionsprozesses

5.2.1 Kontaktfelder

Die so genannten Kontaktfelder stellen ein Modell dar, mit denen man die Ausbreitung von Informationen zwischen Populationen oder Regionen messen kann. Im Laufe der Arbeit wurde schon einige Male verdeutlicht, dass die Ausbreitung einer Innovation mit der Entfernung zusammenhängt. So auch in diesem Fall. Angenommen wird, dass im idealtypischen Fall die Kontaktwahrscheinlichkeit mit zunehmender Entfernung abnimmt.

Wenn eine Person A mit einer weiteren Person, einer Gruppe oder Region in Verbindung steht wird die Kontaktwahrscheinlichkeit mit zunehmender Entfernung voneinander kleiner. Das bedeutet, dass die Wahrscheinlichkeit eines Kontaktes von Person A zu jeder beliebigen anderen Person umgekehrt proportional zur Entfernung ist. In der Nähe der Person A ist die Kontaktwahrscheinlichkeit groß, doch sie nimmt mit zunehmender Entfernung vom Ausgangspunkt ab. Eine exakte Angabe der Abnahme mit zunehmender Entfernung ist jedoch schwierig.

Bei Telefongesprächen nimmt man an, dass die Abnahme exponentiell verläuft, das bedeutet, dass zu Beginn der Abfall sehr steil und dann immer flacher wird. Der Umfang der Gespräche nimmt im Verhältnis 80, 40, 20, 10, 5 etc. mit dem ersten, zweiten, dritten, vierten und fünften Kilometer stetig ab [Haggett, 2001: 509].

Selbstverständlich stellen diese Modelle Annahmen im Idealfall dar.

Hägerstrand übertrug diese Kontaktfelder, mit denen man die Ausbreitung von Informationen zwischen Personen, Populationen oder Regionen messen kann, in ein so genanntes MIF (mean information field), um bestimmen zu können, wie sich Kontakte innerhalb eines Gebietes oder „Feldes" ereignen können. Im nächsten Unterkapitel „MIF (mean information fiel)" wird dieses Modell genauer behandelt.

5.2.2 MIF (mean information field)

Ein MIF oder auch durchschnittliches Informationsfeld genannt besteht aus einem Gitterfeld von 25 quadratischen Zellen, das die folgende Abbildung graphische darstellt:

Abb.7/ Quelle: Haggett, 2001

0.0096	0.0140	0.0168	0.0140	0.0096
0.0140	0.0301	0.0547	0.0301	0.0140
0.0168	0.0547	0.4432	0.0547	0.0168
0.0140	0.0301	0.0547	0.0301	0.0140
0.0096	0.0140	0.0168	0.0140	0.0096

Jeder einzelnen Zelle wird eine Kontaktwahrscheinlichkeit zugeordnet, wobei die Kontaktwahrscheinlichkeit für die weis unterlegte, zentrale Zelle am höchsten ist mit rund 44%. Je mehr sich ein Element von der zentralen Zelle entfernt, nimmt die Wahrscheinlichkeit eines Kontaktes ab. Die Eckzellen weisen eine Kontaktwahrscheinlichkeit von nur noch weniger als 1% auf. Um dieses Gitternetz in ein allgemeines Arbeitsmodell einsetzen zu können, wird zu jeder Zelle die jeweilige Wahrscheinlichkeit addiert.

Die Modelle Hägerstrands stellen jedoch eine Vereinfachung der Wirklichkeit dar. Denn nur im idealtypischen Fall wird angenommen, dass die Gebiete, in denen sich Diffusionen ereignen, ebene Flächen mit gleichmäßig verteilten Populationen darstellen, was in der Realität sehr unwahrscheinlich ist. Auch ist die Annahme, dass eine Innovation unmittelbar nach Erhalt der Information übernommen wird, nicht reell. Des Weiteren ist kritisch zu bewerten, dass Hägerstrand die Entstehung einer Kontaktwahrscheinlichkeit von ausschließlich zwei Personen annimmt.

Die fehlende Bereitschaft Hägertsrands, Diffusionsprozesse in ihrem gesellschaftlichen Kontext und unter Berücksichtigung der Entstehungsbedingungen zu betrachten, lassen seine Modelle nicht real und nicht anwendbar wirken. Allerdings war dies dem schwedischen Geographen bewusst:" [...] Hägerstrand war sich dieser Komplikationen bewusst, und er benutze dieses Grundmodell nur als einen logischen Rahmen für wirklichkeitsgetreue Abbildung des Diffusionsprozesses. Hägerstrands spätere Variationen seines Modellsenthalten bedeutsame Abänderungen" [Haggett, 2001: 512, Z.3 - 10].

Um den Diffusionsprozess abschließen zu können, werde ich nun auf ein Modell eines amerikanischen Geographen eingehen, der in seiner Forschungsarbeit über die Diffusionswelle in Raum und Zeit berichtet.

5.3 Die Diffusionswelle in Raum und Zeit

Der amerikanische Geograph Richard Morill bestätigte ebenfalls den Wellencharakter des Ausbreitungsprozesses und beschäftigte sich in seiner Arbeit über das Verhalten der Diffusionswelle in räumlicher und zeitlicher Hinsicht. Abbildung 8 stellt das Modell Morill´s graphisch dar:

Abb.8/ Quelle: Haggett, 2001

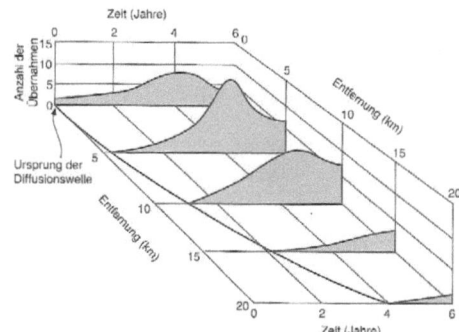

R. Morill berichtet mit seinem Modell der Diffusionswelle in Raum und Zeit über das Wachsen und Nachlassen, die Höhe und den Umfang einer Diffusionswelle. Der Amerikaner nimmt an, dass eine Diffusionswelle mit der Entfernung vom Ursprung und zunehmenden Zeitabstand ihre ursprüngliche Eigenschaft verändert. Die erste Diffusionswelle liegt noch im Ursprungsgebiet und wächst zwar schon an Umfang, jedoch erreicht sie nur eine begrenzte Höhe. Gründe dafür wären, dass diese Welle eine noch nicht ausreichende Zahl an Adoptoren erreicht hat und erst mit zunehmender Entfernung vom Ursprung und Zeitabstand an Höhe und Umfang gewinnt, was die zweite Welle im Modell von R. Morill bestätigt. Die dritte Welle verrät, dass die Welle zwar an Höhe verliert, jedoch an Umfang gewinnt, wohin gegen die vierte und fünfte Welle an Höhe und Umfang abnimmt bei ca. 15 – 20 km vom Ursprungsort entfernt. Gründe dafür wären, dass diese Diffusionswelle mit einer konkurrierenden Welle aufeinander trifft und somit verdrängt wird. Möglicherweise ist die Innovation auch schon veraltet und wird durch ein neues Produkt ersetzt, sodass die Nachfrage nach einem gewissen Zeitraum abebbt.

13

Nachdem nun erläutert wurde welche Diffusionsarten, welche Formen der Ausbreitung es gibt und wie das Prinzip des Diffusionsprozesses nach Hägerstrand und Morill funktioniert, werde ich zunächst auf die Veränderung der Kultur durch Innovationen eingehen und anschließend einige Anwendungsbeispiele der Innovations- und Diffusionsforschung im Bezug auf die Kulturgeographie erläutern.

6. Anwendung der Innovations- und Diffusionsforschung auf die Kulturgeographie

Nachdem nun einige Modelle und Theorien vorgestellt wurden, stellt sich nun die Frage: In welchen Bereichen des reellen Lebens wird die Innovations- und Diffusionsforschung eigentliche angewendet?

Diesbezüglich werde ich nun Anwendungsbeispiele aus der Medizingeographie und aus der Agrargeographie/ Sozialgeographie heran ziehen.

■ Medizingeographie

Innovationen/ Diffusionen haben insofern etwas mit der Medizingeographie zu tun, wenn es um die räumliche Ausbreitung von Krankheiten /Lehre von der Verteilung von Krankheiten weltweit, national, regional und lokal geht. Ein Beispiel ist die Ausbreitung des El- Tor-Cholera- Typus von Sulawesi aus, was die Abbildung 9 graphisch veranschaulicht:

Abb.9/ Quelle: Haggett, 2001

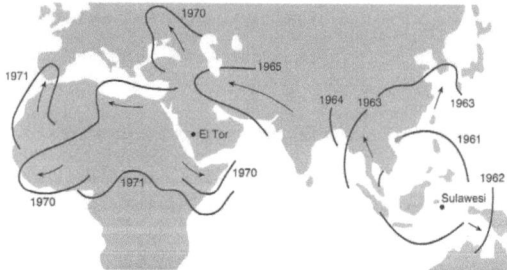

Diese Karte zeigt die Ausbreitung des Cholera- Typus von Sulawesi aus zwischen 1961 und 1971. Zunächst tritt diese Krankheit nur endemisch aus, das heißt sie erscheint nur örtlich begrenzt. Nimmt diese Epidemie größere Ausmaße an, sprich sie umfasst ganze Kontinente wie auch hier der Fall ist, spricht man nun von einer Pandemie. Für den Geographen ist von Interesse, welche Wege die Epidemie oder Pandemie bei ihrer Ausbreitung durch Siedlungsgebiete einnimmt [Haggett, 2001: 503].

Ein weiteres Beispiel ist die Lehre der sozialen Verteilung von Krankheiten (nach Beruf, Geschlecht, Alter, Einkommen, Bildung etc.). Forscher haben beobachtet, dass die sozial schwächere Gesellschaft viel häufiger an Krankheiten erkrankt, als die sozial stärkeren Schichten. Gründe dafür sind schlechtere Wohnverhältnisse, schlechte Ernährung, erschwerte

Arbeitsbedingungen, geringe Bildung etc. [http://bf.granul.at/gesundheitssysteme.html: 19.04.2008].

Ein weiteres Anwendungsbeispiel aus der Agrargeographie/ Sozialgeographie steht ebenfalls mit der Innovations- und Diffusionsforschung in Verbindung.

In der Landwirtschaft haben technische, chemische und biologische Innovationen/Revolutionen Einfluss auf den ökonomischen Wettbewerb und auf soziokulturelle Systeme ausgeübt. Mit dem Bemühen der Gesellschaft Einfluss auf Produktionsprozesse und gewisse Lebensstile zu gewinnen, kam es zu Konflikten und Konkurrenz innerhalb des soziokulturellen Systems [Gebhardt et al., 2001].

Einige Unternehmen beschäftigten beispielsweise billigere Arbeitskräfte aus dem Ausland, anstatt teurerer Kräfte aus dem eigenen Land, wie es auch ein Fleischverpackungsunternehmen aus dem kleinen Staat Nebraska tat. Dieses Unternehmen versuchte die Ausgabekosten gering zu halten, indem es Arbeitskräfte aus Mexiko einstellte, anstatt Kräfte aus dem eigenen Land. So kam es innerhalb der amerikanischen Gesellschaft und den Mexikanern zu Konflikten, den auch die amerikanischen Einwohner wollen Einfluss auf den Produktionsprozess gewinnen und einen gewissen Lebensstil verdienen [Gebhardt et al., 2007].

Fazit

Abschließend ist festzustellen, dass die Innovations- und Diffusionsforschung zunehmend an Bedeutung dazu gewinnt. Dass dieses Forschungsfeld für den Geographen schon sehr früh von großem Interesse war, bestätigt die Entwicklungsgeschichte der Innovations- und Diffusionsforschung, die bis ins 19. Jahrhundert zurückreicht. Einer der bedeutendsten Vertreter dieses Forschungsfeldes war der schwedische Geograph Torsten Hägerstrand, der mit seiner Dissertation von 1953 „Innovation Diffusion as a Spatial Process" als der Vorläufer der heutigen Innovation- und Diffusionsforschung gilt. Mit Hilfe seiner Modelle wie die Kontaktfelder und dem MIF erhält der Geograph im idealtypischen Fall Aussagen darüber, mit welcher Kontaktwahrscheinlichkeit Informationen zwischen Regionen oder Personen übertragen werden können. Des Weiteren gibt dieses Forschungsfeld Aufschluss darüber wie sich Informationen zwischen Personen, Gruppen oder Region ausbreiten können und sogar wie schnell und in welche Richtung eine Information übertragen wird.

Literaturverzeichnis

- BRUNOTTE et al. (2002): Lexikon der Geographie. Spektrum Akademischer Verlag: Heidelberg, Berlin.

- GEBHARDT, H./ GLASER, R./ RADTKE, U./ REUBER, P. (2007): Geographie – Physische Geographie und Humangeographie. Elsevier: München.

- GREGORY, D. (1985): Social Relations and Spatial Structures. Macmillan Education: London.

- HÄGERSTRAND, T. (1967): Innovation diffusion as a spatial process. University of Chicago Print: Chicago.

- HAGGETT, P. (2001): Geographie – Eine globale Synthese. Ulmer: Stuttgart.

- HEINEBERG, H. (2007): Einführung in die Anthropogeographie/Humangeographie. Ferdinand Schöningh: Paderborn.

- NORTON, W. (2000): Cultural Geography. Oxford University Press: Canada.

- RÖPKE, J. (1979): Primitive Wirtschaft, Kulturwandel und die Diffusion von Neuerungen. J. C. B. Mohr (Paul Siebeck): Tübingen.

- WINDHORST, H.-W. (1983): Geographische Innovations- und Diffusionsforschung. Wissenschaftliche Buchgesellschaft: Darmstadt.